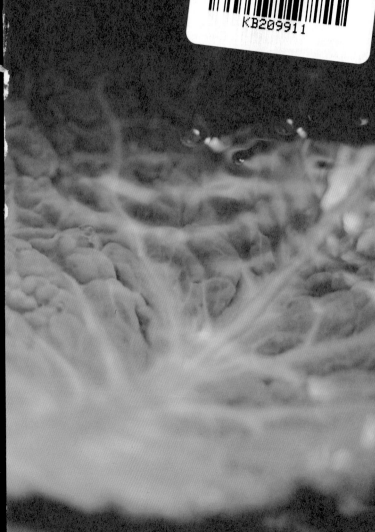

재료의 산책,

두 번째 이야기

요나

프롤로그

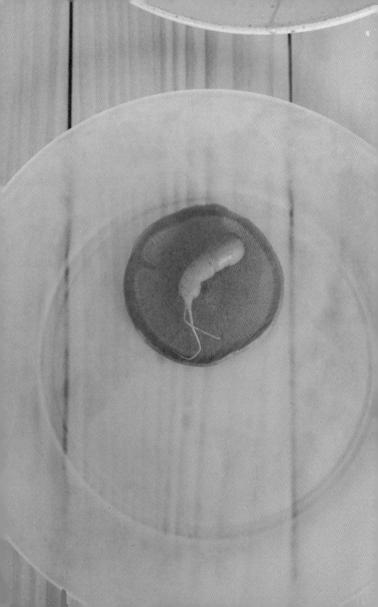

음식은 끊임없이 묻는다. '무엇을 먹을 것인가?'
이 질문에 대답하려는 몸부림이 우리를 어디론가 이끌어준다.

요리에 고민이 될 때는 가만히 창밖을 바라본다.
입춘부터 대한까지, 소리 없이 흐르는 창밖의 풍경은
지금 무엇을 먹어야 할지 알려준다.

어떻게 요리할지 헷갈릴 때는 나의 소리에 귀를 대어본다.
우리의 몸은 때로는 생으로,
때로는 알맞게 익혀 먹는 것을 원하고 있다.

음식은 자연의 순환 고리 위에 놓여 있다.
　　나에게 요리란 흙과 인간의 연결을 관찰하고 잇는 작업이다.

세상의 일부를 담아낸 작은 그릇 너머로
더 넓고, 더 깊은 탐험이 안내되기를.

Part I

3월

4월

5월

부추 순두부 달걀국

코끝 시린 바람이 부는 삼월.
부추를 구하러 나선 시장길에서 따뜻한 국물이 생각나
순두부도 사 왔다.

다시마와 무말랭이로 우려둔 물을 불에 올려
순두부를 숭덩숭덩 떼어 넣는다.

보글보글 끓어오르면

달걀물을 빙그르르 돌려 넣고

하나, 둘, 셋…,

아홉, 열.

김이 나는 보드라운 순두부 위에
아삭한 두메부추를 송송 썰어 올린다.
재료가 좋을수록 조리는 힘을 빼야 맛이 좋다.

금귤 부추 샐러드

달걀국을 끓이고 남은 부추로
무얼 해 먹을까 한참을 고민하다
얼마 전 담가둔 금귤청을 꺼내었다.

두메부추 특유의 도톰한 식감은 생으로 먹어야 제맛이다.
겨우내 잊고 살던 봄의 알싸함.
오랜 잠에서 깨어난 것처럼 정신이 번쩍 든다.

레시피 → p.276

꽃다지 튀김

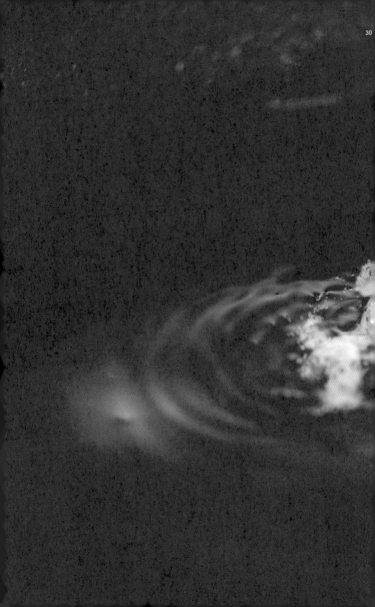

이름도 여여쁜 꽃다지!
나물로 무쳐 먹고 국으로 끓여 먹고.
어떻게 먹어도 맛이 좋지만 일 년 만에 만났으니
귀하게 튀겨볼까.

튀김옷의 간도 일반 소금이 아닌 누룩 소금으로,
물이 아닌 탄산수로 반죽을 해본다.

작은 수고들이 하나둘 모이면
삶에 흥겨운 리듬을 만들어낸다.
잡초가 근사한 한 접시로 변하는 것처럼.

쑥 현미 버무리

봄에 여럿이 모이는 날이 있으면 빠지지 않고 내는 쑥버무리.
오늘은 작년 가을 말려두었던 늙은 호박을 넣어 쪄본다.

모락모락 김이 피어오르는 찜기를 여럿이 둘러싸고
호호 불며 뭉쳐 먹는 재미가 좋다.
왁자지껄한 기억이 남아 있어서일까.

식어도 맛이 좋은 다른 떡들과 달리
쑥버무리는 식으면 외로운 맛이 난다.

레시피 p.278

봄나물 리소토

봄이 오면 부지런히 시장을 기웃거려야 한다.

봄나물은 여린 듯 보이다가도
하루가 다르게 쑥쑥 자라나 금세 억세진다.

4월의 두릅은 여리여리하지만
5월의 두릅에는 어느새 가시가 돋아 있다.
봄은 언제나 쏜살같이 도망간다.

자주 들르는 나물집에는 '막나물'이라는 코너가 있다.
풀의 고수인 사장님이 그맘때 맛이 좋은 봄나물을
갖가지로 섞어놓은 막나물.

언뜻 보아도 원추리, 질경이, 신선초, 방풍, 취 등
그대로 얼굴을 파묻고 킁킁대고 싶은 풀들이 가득하다.

매콤하고 구수하게 무쳐 밥에 얹어 먹어도 좋지만
나물은 버터나 치즈와도 은근히 궁합이 좋다.

파스타로 말아 먹어도 그럴싸,
쌀을 볶고 끓여서 리소토로 만들어도 그럴싸하다.

쌉쌀하면서 새콤한 풀 향에 방해가 될까 싶어
마늘도, 레몬도 꺼내지 않아본다.

비파 콩포트

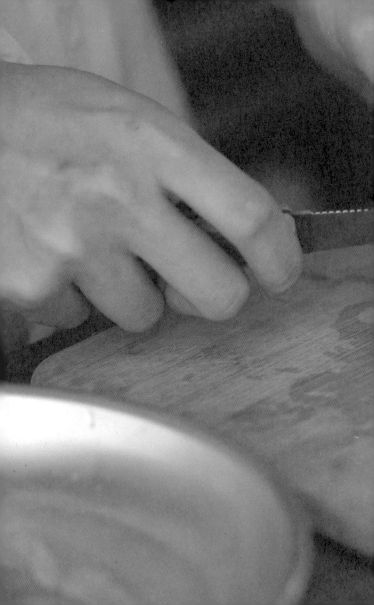

꽃봉오리를 닮은 주황 열매 비파.
껍질을 호로록 벗기고 반으로 가르면
엄지손톱만 한 씨앗이 정가운데 떡하니 자리를 잡고 있다.

손질하고 나면 한 줌이 되어버리는 귀한 비파는
잼으로 만들기 아쉬우니
대개 화이트 와인을 콸콸 부어 맑게 콩포트로 끓인다.

동글동글한 과육을 조금 더 오래도록
바라보고 싶어 피우는 소심한 요령이다.

레시피 → p.281

비파 팔각 등심 조림

뜨뜻이 달군 프라이팬에 기름을 얇게 바르고
도톰한 돼지고기를 취이익.
노릇하게 구워진 고기 위에
비파 콩포트 국물 한 국자, 물 한 컵, 간장 쪼로록,
생강과 팔각 한 조각씩을 넣어 조린다.

달콤짭잘하게 간이 밴 고기를 접시에 건져내고
남은 국물에 비파 몇 알을 조려낸다.

참나물 이파리를 무심히 뜯어 솔솔.
갓 지은 따뜻한 밥 위에 올려 덮밥처럼 먹으면
조려낸 국물까지 깨끗이 비울 수 있다.

풋마늘 레몬 파스타

매주 수요일이면 집 근처 카페에서 작은 채소가게가 열린다.
근교 농부님이 번갈아서 직접 나와주시는 귀중한 자리.
계절에 따라, 농부의 생각에 따라 매번 품목이 달라지기에
장바구니를 챙겨 드는 이쪽마저 모험적인 기분에 사로잡힌다.

아스파라거스, 풋마늘, 머윗대, 돌미나리, 래디시,
배추꽃, 무꽃, 차이브꽃…. 이제 부쩍 힘이 돋은 이파리들과
아직은 자그만 열매들이 보인다.

반가운 풋마늘을 지나칠 수 없어 제일 먼저 집어 들고,
차이브꽃도 한 다발 챙겨본다.
매콤한 풋마늘은 생으로 먹어도, 데쳐 먹어도,
무쳐 먹어도 좋지만 오일 파스타로 만들기에 최고의 재료이다.

겨울에 담가둔 레몬 소금도 더해 말아낸 파스타 위에
향긋한 차이브 꽃을 톡톡 뜯어 호로로록.
풋마늘 한 대만 있으면 마늘 몇 줌에 버금가는 맛을 낼 수 있다.

뽕잎순 청란 통밀 부침개

매달 두 번, 홍성의 농장에서 꾸러미를 보내주신다.
오월의 첫 주 현관 앞에 도착한 뽕잎순과 머윗대,
산초 열매 장아찌, 애플민트, 고대밀빵, 옥수수 뻥튀기.

슈퍼에서는 찾아볼 수 없는 순간의 재료들을 보내주시기에
도심 생활자로서는 이런 보물 상자가 따로 없다.

지난여름에 보내주신 오디잼을 싹싹 긁어 비운 것이 생생한데
또 어느새 한 바퀴가 돌아 뽕잎순이 오다니.
먼 홍성의 뽕나무에 신세를 참 많이도 지고 있네.

여리여리한 이파리는 투박한 통밀가루로 반죽해 부치면

의외로 궁합이 좋다.

도다리 산초 카르파초

단맛을 품은 오월의 래디시는 잎까지 부드러워 생으로 먹기 좋다.

스윽- 스윽- 빠알간 알맹이를 얇게 슬라이스 해

물에 담가두고 이파리를 총총총 다진다.

올리브 오일 듬뿍과 소금, 후추, 레몬즙을 뿌리고 휘적휘적.
도톰한 도다리 위에 열매와 이파리 소스를 올리고
꾸러미에 들어 있던 산초 열매 장아찌를 몇 알 뿌려본다.

'산초 열매 장아찌 한 젓가락 밥에 올려놓고 먹으면
상쾌한 맛이 입에 확 퍼집니다.

시원한 소나무 숲에 온 것 같기도 하고,
계곡물에 발 담근 것 같은 느낌도 드는 개운한 맛입니다.'
— '풀풀농장' 오월의 첫 번째 꾸러미 편지 중

"고사리 죽순 솥밥"

농사꾼이 아님에도 추위가 가시기 시작하면 마음이 분주하다.
해가 갈수록 계절마다 저장하고 싶은 재료들이 늘어나는 덕분이다.
그중에서도 햇고사리는 요물이다.

봄나물을 만끽하느라 한차례 폭풍 같은 시간을 보내고 나면
마치 기다렸다는 듯 고사리가 빼꼼 고개를 내민다.
                        손가락이 피곤하니 올해는 쉴까 싶다가도
                        햇고사리의 묘미를 떠올리면 도무지 그냥 넘길 수가 없다.

삶아서 물에 담가 아린 맛을 빼낸 고사리는
국으로 끓여도 좋고, 전으로 부쳐도 좋고,
파스타에 말아도 좋다.
갓 삶아 유독 향이 좋은 날에는 죽순을 더해
슴슴하게 솥밥으로 짓곤 한다.

Part II

6월

7월

8월

완두콩 후무스와 당근 오븐구이

햇완두콩이 나올 때면 군침이 마를 새가 없다.
완두콩은 맛과 질감이 유연해 어디에도 잘 어울리기에
뭘 해 먹을지 결정하기가 좀처럼 쉽지 않다.

포슬포슬 콩밥도 좋고, 맑은 수프에 넣어도 좋고,
으깨서 크로켓으로 만들어도 좋고,
오늘은 투박한 빵이 한 덩이 있으니
완두콩을 곱게 갈아서 발라볼까.

완두콩 후무스를 만들 때는 다른 콩으로 만들 때와는 다르게
마늘이나 향신료를 넣지 않는다.

싱그러운 풋내를 남기고 싶은 마음이다.

채소는 균일하지 않기에 레시피를
명확하게 수치화하는 것이 불가능에 가깝다.
또한 그래서 자유롭고 편안하다.

코코넛 호박꽃전

당연한 이치이겠거늘 고수꽃은 고수 맛을,
호박꽃은 호박 맛을 은은하게 품고 있다.

호박꽃을 먹기에 적절한 때 수확해서
장터에 들고 나와 주시는 농부는 흔치 않기 때문에
계획이나 기대 없이 그날의 운에 맡기는 편이다.

오늘은 럭키 데이!
마지막 남은 한 묶음을 얻어 올 수 있었다.
오동통한 호박꽃은 그 안에 크림이나 치즈를 가득 채워
튀겨 먹거나 오믈렛에 넣어 굽기도 한다.

이도 저도 번거로울 땐
가벼운 반죽을 묻혀 부치기만 해도 달달하고 부드럽다.

노랑 비트와 노랑 주키니의 바질 샐러드

완성된 접시를 마주한 포토그래퍼 수인이 멈칫하며 놀란다.

"오, 주키니를 생으로도 먹을 수 있군요!"
"후후, 네. 주키니도 이쯤에는 부드러워서 생으로 먹기에 좋아요."

집에서 한 발짝도 나가지 않고 모든 장을 볼 수 있는 시대임에도
부지런히 직거래 시장에 다니는 이유다.
도시의 삶은 지난주와 이번 주 모습에 큰 차이가 없지만,
노지의 주키니는 한 주만 지나도 크기와 맛이 확확 달라진다.

커다랗고 단단한 어른 주키니는 구워 먹거나
수프에 넣기에 좋지만, 촉촉한 아가 주키니는
얇게 슬라이스하면 생으로 먹어도 부드럽다.

향긋한 바질 한 움큼에 겨울에 담가둔 레몬 소금을 살짝 더해
윙윙 갈아내고, 햇양파를 종종 썰어 함께 버무린다.

샛노랑의 비트와 주키니 위에 진녹색의 양파를 톡톡 올려주면 끝.
날것의 채소는 우아하고 청초하다.

쿠카멜론 피클

큐컴버와 멜론을 합쳐 만든 이름이라는 쿠카멜론.
라임 향의 오이 같은 맛이 나는 쿠카멜론은 박과의 덩굴 열매이다.
주렁주렁 매달린 열매들은 엄지손톱만 한 크기로
몹시 작아서 가까이 가기 전까지는 잘 보이지도 않는다.

얼룩덜룩해서인지 마치 수박의 미니어처 같아서
바라보고 있자면 내 몸도 작아지는 듯한 느낌이다.

반으로 썰어서 타코 위에 올려도 아삭하니 맛이 좋고,
통으로 피클을 담가두면 귀여운 사이드 디시로도 낼 수 있다.

하지 감자 롱빈 샐러드

뜨거운 여름의 작물은 탱글탱글하니 기운도 넘치고 수분도 많다.
데굴데굴 모여든 채소를 이것저것 집어 조그맣게 썰어본다.

어떤 것은 데치고, 어떤 것은 데치지 않고.
감자는 기분에 따라 노릇하게 굽기도 하지만
오늘은 담백하게 먹고 싶으니 삶기로 하자.

더위에 취하지 않기 위해 살짝 매콤한 스파이스도 뿌려보고,
오일을 둘러 휘리릭 버무린다. 삶아서 마요네즈에 으깨 먹는
감자샐러드가 물릴 때 꺼내면 좋은 카드이다.

부드러운 가지 구이

주욱, 주우욱, 주우우욱.
노릇하게 구운 가지의 껍질은 호로록 바나나처럼 벗겨진다.
단, 몹시 뜨거우니 주의!

맨몸이 드러난 가지를 적당한 크기로 찢어 그릇에 담고
강판에 생강 조금과 무를 듬뿍 갈아 올린다.

간장에 식초와 설탕을 풀어 쪼로록.
홍고추와 시소도 얇게 썰어 송송.
이대로 차게 식힌 소면이나 메밀면 위에 올려
차가운 다싯물을 부어도 괜찮다.

오쿠라 낫또 덮밥

오쿠라와 낫또, 노른자, 간장, 가쓰오부시,
쌀밥이 전부인 요리이지만
재료 하나하나에 공을 들이는 수고가 필요하다.

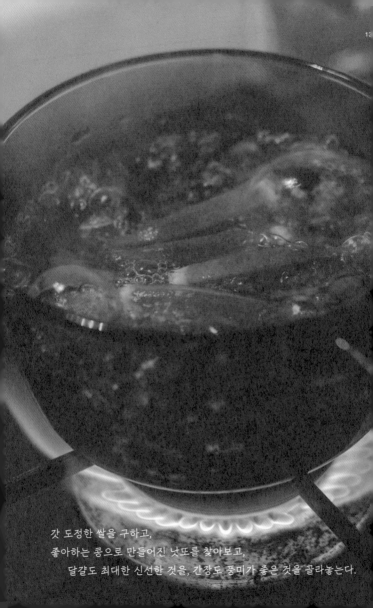

갓 도정한 쌀을 구하고,
좋아하는 콩으로 만들어진 낫또를 찾아보고,
달걀도 최대한 신선한 것을, 간장도 풍미가 좋은 것을 골라놓는다.

요리할 때 필요한 에너지가 10이라 한다면,
재료를 고민하고 구하는 데는 8에서 9 정도 에너지를 사용해야
비율이 적절한 듯하다.

천도복숭아 러스틱 파이

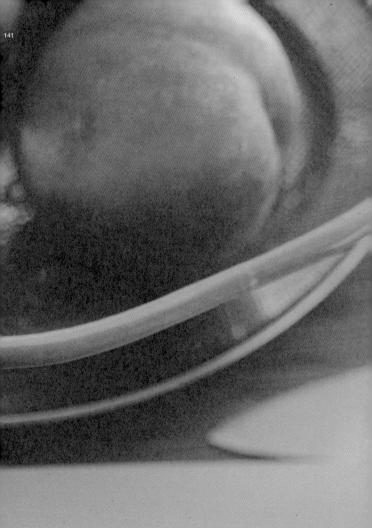

양평에서 날아온 햇통밀가루의 봉투를 열자
새하얀 수입 밀가루에서는 맡을 수 없던
구수한 향이 폴폴 올라온다.

흙을 닮은 빛깔을 띤 가루는
촉감도 흙처럼 거칠고 따뜻하다. 투박한 멋을 해치고 싶지 않아
투박한 파이를 구워보기로 한다.

천도복숭아를 숭덩숭덩 썰어 걸쭉한 잼으로 만들고,
두툼하게 밀어 펼친 파이지 위에 빼곡히 채워 담아본다.

평소와 달리 파이 반죽이 매끄럽게 뭉쳐지지 않았지만
다행히 그럴싸하게 구워졌다.
모험심에 보답해 주는 긍정의 대답일까.

새콤한 복숭아잼과 바삭한 통밀 파이지의 맛도
처음치고 이상할 만큼 조화롭다.

"늦여름의 가지 타코"

서서히 더위가 사그라드는 것이 느껴져
서둘러 시장에서 여름의 재료를 끌어모았다.
손이 차가워지고, 땅이 딱딱해지면 타코와 같은
여름 음식들은 자연스레 생각이 나지 않을 테니까.

작년 겨울 검정밀을 우연히 알게 된 후로
눈이 훌쩍 높아졌다. 검정밀은 색감도 멋들어지지만
백밀과는 또 다른 고소함의 매력이 있다.

검정밀로 토르티야를 반죽하면
화려한 여름 채소에 어울리는 점잖은 도화지를 구울 수 있다.

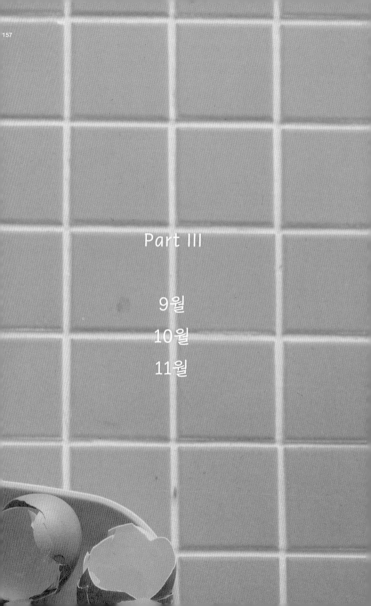

Part III

9월

10월

11월

"시금치 호박 프리타타"

새로운 공간으로 옮겨와 정신없이 정리를 마치고 나니
어느새 가을이 코앞이다. 첫 손님을 고민하던 차에
오랜 친구의 생일상 요청이 들어와 반갑게 날을 잡았다.

어떤 요리를 내어줄까 그려보지만
도무지 사랑이 간추려지지를 않아
보이는 재료를 빼곡히 넣어 굽기로 한다.

생일날 갖가지 재료를 듬뿍 넣어
잡채를 해주시던 어머니들이 이런 마음이셨을까?
프리타타는 나에게 잡채 같은 욕심의 요리이다.

포도 한천 젤리의 무화과 샐러드

몇 달 전부터 포도를 투명한 젤리로 만들고 싶은 욕구가
머릿속을 맴돌았다. 단면이 청량하게 빛나는 과일은
한천을 풀어 투명하게 굳히면 보석 못지않게 아름답다.

디저트로 내어도 좋지만 어쩐지 생일상에는
놀라움을 더하고 싶으니 오늘은 샐러드 위에 올려야지.

청귤청을 넣어 달달하게 굳힌 포도 젤리는
은은한 단맛을 가진 청무화과와 잘 어울린다.
꿀을 더한 요거트와 쿰쿰한 고트치즈까지.
그리 덥지도, 그리 춥지도 않은 날에 먹기 좋은 맛이다.

청귤 고추 살사와 새우튀김

튀김을 많이 먹고 싶은 날에는 물리지 않도록
오독오독한 채소를 새콤하게 버무려 올린다.
예를 들어 오이와 레몬즙을 넣은 타르타르라든가,
양파와 식초로 걸쭉하게 만든 칠리소스라든가.

이번에는 시장에서 맵지 않은 고추와 청귤을 구했으니
담백한 살사를 만들어본다.

잘게 썬 고추에 살짝 구워 부신 호두, 고수를 넣어
올리브 오일로 버무린 다음 청귤즙을 쭈욱.
청귤이나 레몬과 같은 과일의 상태가 좋을 때는
껍질도 잊지 말고 갈아서 뿌리기!

우엉구이와 수박무절임의 샐러드

우엉구이는 우엉의 가장 아끼는 조리법이다.
가볍게 쪄낸 뒤 바삭하게 구우면 뿌리채소의 매력인
흙 향과 단단함을 만끽할 수 있다.

우엉뿐만 아니라 연근, 당근, 무 등 겨울의 채소는
살살 달래가며 익히면 숨겨둔 단맛이 드러난다.

전분을 묻혀 튀겨도 좋고, 강정 소스에 굴려도 좋지만,
오늘은 샐러드에 토핑으로 올리고 싶으니 소금만 살짝 뿌려 굽는다.

납작하게 구운 우엉과 소금물에 절여두었던
수박무를 흩뿌리고 크리미한 드레싱을 솔솔.
올망졸망하게 자리 잡은 채소들이 한 폭의 그림 같네.

버섯 올리브 페스토 파스타

손발 끝이 시릴 즈음이면 상큼하고 아삭한 것은
몸이 버거워 순하고 부드러운 것을 찾게 된다.
자연의 법칙일까. 쿰쿰한 향의 버섯 페스토도
이쯤 되면 습관적으로 만들어둔다.

적당히 잘 삶아진 면에 올리브를 더해 갈아낸 페스토와 면수,
버터 한 조각과 간장 한 방울만 포인트로 넣어 비비면
파스타 한 그릇도 금방이다.

몇 가지 저장 소스에 기대어 지내다 보면
몸을 깨우기 힘든 추운 날들도 그럭저럭 지낼 만하다.

레시피 → p.306

홍시 발효 소스와 유자청의 차요테 무침

대봉이 보이면 창가에 있던 물건들을
하나둘 정리하고 묵은 먼지를 닦아낸다.
지나가는 동네 사람들의 시선에 닿을 수 있도록
창가의 작은 의자 위에 쪼르륵 가지런히 진열해 본다.

어쩜 이리도 선명한 주황빛을 머금고 있을까.
그렇게 몇 주는 매일 같이 들여다보고 조심스레 눌러도 본다.
살이 빨개지며 폭신해지면 몇 개를 부엌으로 들여온다.

꼭지를 따내고 표면을 가볍게 닦아낸 다음
유리병에 넣어 손으로 조물조물 으깬다.
마른 천을 덮어 일주일 정도 껍질째 발효되기를 또다시 기다린다.

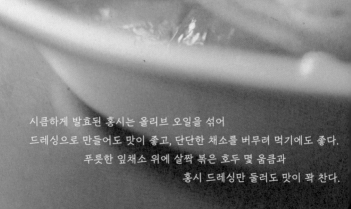

시큼하게 발효된 홍시는 올리브 오일을 섞어
드레싱으로 만들어도 맛이 좋고, 단단한 채소를 버무려 먹기에도 좋다.
푸릇한 잎채소 위에 살짝 볶은 호두 몇 움큼과
홍시 드레싱만 둘러도 맛이 꽉 찬다.

오늘은 녹진한 화이트 도리아가 메인 요리이니
얇게 썬 차요테를 홍시 소스와 유자청으로
상큼하게 버무려 사이드로 곁들여 본다.

가을 무 수프

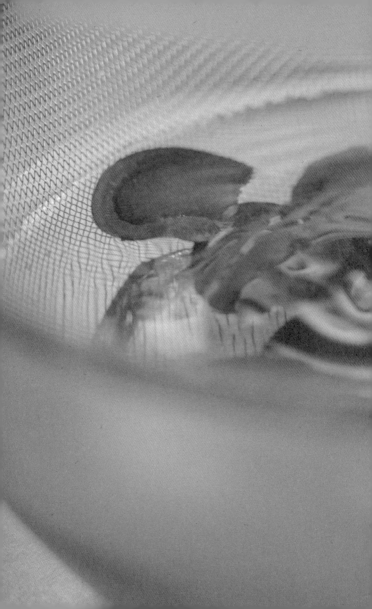

식당 오픈을 앞두면 우선 그 계절에 나는
재료의 목록을 주르륵 적어본다.
'맛있는 요리'를 선보이고 싶어서라기보다
'지금 맛이 좋은 재료'를 맛보이고 싶어서 여는 식당이기에
메뉴보다 재료의 선택이 먼저다.

코스로 내고 싶을 때는 순서대로 어울릴 만한 재료를
대입하기도 하고, 한 접시로 내고 싶을 때는 전체의 맛이
어우러질 수 있도록 요리조리 배치를 바꿔보기도 한다.

가을의 보약인 무를 이번에는 부드러운 수프로 끓여낼까 한다.
노릇하게 구운 돼지감자, 살짝 쪄낸 래디시, 바삭하게 튀긴
자색감자를 올리고 부드러움을 더해줄 두유 거품도 함께 올린다.

무를 생으로 먹는 요리부터 찌고, 튀기고, 무치고, 조리는 요리까지
전부 담아내는 코스 요리도 열어볼까.

우엉 고구마 크로켓

해가 짧은 가을과 겨울 동안 햇볕은
여름의 그것과 다르게 보드라워
오래도록 쬐어도 지치지 않는다.

동서남북이 트여 있지 않은 도시에서는 더욱 애틋하고 간절하다.
　　　　추운 날의 해는 중천을 넘어 석양이 지기 전까지의 몇 시간이
가장 아늑한 빛이다.

가끔 날이 차가울 때면 빛이 잘 드는 작은 베란다에
의자를 놓고 앉는다. 책을 읽거나 글을 쓰기도 하지만
대개는 꾸벅꾸벅 조는 시간이다. 현미를 물에 불리거나
맛이 배야 할 것들을 미리 절여놓는 등 간단한 저녁 준비를
마치고 나면 담요와 책을 챙겨 나온다.

남편과 베란다에 나란히 앉아 햇빛을 받고 있으면
그보다 행복할 수가 없다. 마당의 툇마루라면
더 좋을 텐데 머지않아 풍경이 바뀌는 날이 오길 바라본다.

Part IV

12월

1월

2월

땅콩호박 푸딩

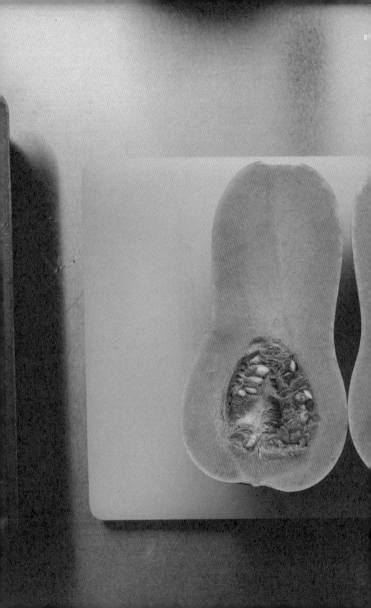

오래전 가게에서 '호박 두부 푸딩 파이'라는
메뉴를 판매했는데 호박 필링 준비하랴,
파이지 준비하랴 여간 손이 많이 가는 것이 아니었다.

파이지를 만드는 대신 속을 파내고 남은 호박 껍질에 부어 구우니
이렇게 편하고 재밌을 수가 없네.

역시 정답은 '더하기보다 빼기'일까.

대파 치즈 토스트와 천혜향 알배추 샐러드

대파와 치즈, 그리고 레몬.
겨울이면 한 번쯤은 꼭 만들어 먹는 조합이다.

대파 토스트를 만드는 방법에는 의외로 여러 가지가 있는데
대파를 오래도록 볶아서 크림처럼 만들기도 하고,
채수에 삶아서 부드럽게 만들기도 한다.

중요한 포인트는 아주 부드러운 빵을 고르는 것.
바게트보다는 생식빵이나 치아바타가 잘 어울린다.
식빵에 마요네즈를 슥슥 바르고 부드럽게 삶은
대파와 치즈를 빼곡히 올려 뚜껑을 덮고
치즈가 녹을 정도까지 구우면 된다.

마지막으로 레몬필과 후추는 먹기 직전에 갈아서 뿌리면 끝!
부들부들해서 순식간에 먹어버릴 수 있으니
새콤하고 아삭한 샐러드를 곁들이면 손을 쉬어가기 좋다.

냉이 차조 완탕

추운 날 푸릇한 향이 그리울 때
토닥토닥 달래주는 겨울 냉이.
냉이는 요리의 폭이 가장 넓은 나물이 아닐까

된장이나 고추장에 무쳐도 맛있지만 튀김으로 만들어도,
파스타로 만들어도, 페스토로 만들어도 맛있는걸.

요즘 빠져 있는 냉이 요리는 식감과 향을 최대한
방해하지 않는 완탕이다. 살짝 데친 냉이를 잘게 다져서
몇 가지 재료와 버무린 다음 얇게 펴낸 피로 감싸
맑은 국물에 삶아낸다.

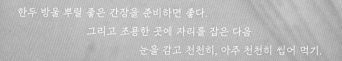

한두 방울 뿌릴 좋은 간장을 준비하면 좋다.
그리고 조용한 곳에 자리를 잡은 다음
눈을 감고 천천히, 아주 천천히 씹어 먹기.

→ p.314

곶감 체더 사브레

집에서 최대한 나가지 않는 계절에는
간식이 많이 필요하다. 어스름하고 고요한 겨울의 부엌에서
사부작사부작 작업을 하다 보면
마치 세상에 아무도 없는 것 같다.
절여두고, 말려둔 것들을 부지런히 빼 먹다보면
또 금세 한 바퀴가 돌아 따뜻한 바람이 불어오겠지.

레시피 → p.315

구운 양배추롤과 캐슈크림

제주에서 사보이 양배추가 왔다.
주름진 모양이 귀여운 사보이는 단단하고 달달해
양배추롤을 만들기에 딱 맞다.

움직임이 적어 소화가 더딘 겨울의 양배추롤은
고기 대신 두부나 콩으로 소를 채운다.

캐슈너트를 불려 부드럽게 갈아 올리면
어느 크림소스 못지않게 고소하고 꾸덕꾸덕하다.

발효 레몬 소금

레몬, 유자, 금귤 등의 과일은 철이 되면
부지런히 소금에 절인다. 설탕에 절여 청으로
만드는 것보다 오래 보관할 수 있고, 활용도도 훨씬 높다.

특히 레몬은 어울리는 요리가 많아서인지 큰 유리병에 가득 절여도
일 년이 다 가기 전에 싹싹 비우는 편이다.

249

파스타, 드레싱, 찜, 볶음, 무침 등 어디에 넣어도 무난하다.
소금의 비율을 높이면 저장성이 좋아지니 자기 취향에 맞는
적절한 비율을 찾아내는 것이 포인트.

딸기 보리 허브샐러드

25

딸기는 원래 콩포트를 만들려고 샀는데,
과육이 튼실하고 달콤해 차마 끓일 수 없었다.

곡물 샐러드의 베이스로는 퀴노아나 쿠스쿠스도 좋지만
보리의 식감은 따라올 수 없다.

송송 썬 딸기와 탱글탱글하게 삶은 보리,
절여둔 레몬 소금에 올리브 오일을 또르르.

도시락으로 쌀 때는 재료와 드레싱을 따로 담아두었다가
먹기 전에 한곳에 모아 휘리릭 비빈다.

돼지감자 구이

울퉁불퉁 못생기고 서걱서걱 밍밍하다는
돼지감자의 오해를 뒤집어보자.
도톰한 껍질은 구우면 고소함이 배가 되고,
한 번 가볍게 찌면 풋내도 날아가고 쫀득해진다.

팬에서 골고루 구워질 수 있도록
포크나 칼로 평평하게 으깨주면 좋다.

레몬 마요네즈

레몬즙은 상큼한 매력, 레몬 소금은 묵직한 매력.
레몬 마요네즈를 만들 때면 두 갈래의 길 앞에 놓인다.

오늘은 돼지감자 구이에 올려 드레싱의 느낌으로 먹고 싶으니
레몬즙으로 새콤하게 만들지만, 채소 튀김을
찍어 먹을 때는 레몬 소금으로 굵직한 맛의 마요네즈를 만든다.
상대에 맞춰 살아가는 인생의 묘미란.

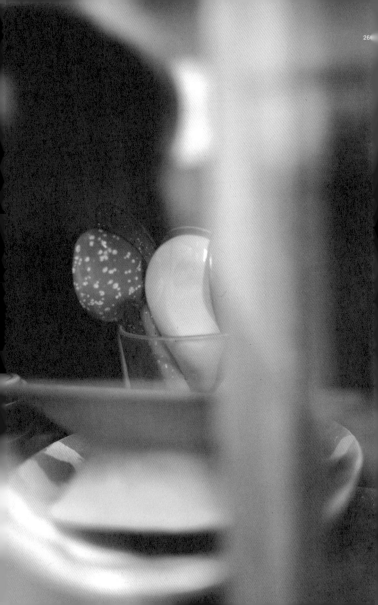

에필로그

2013년 《AROUND》 매거진에 연재를 시작하며 지은
코너명 <재료의 산책>. 산책을 하듯
가볍게 요리를 마주하길 바라는 마음으로 지은 이름이다.

여전히 요리는 무엇인지, 삶은 어디로 흘러가는지 알 수가 없다.
어쩌면 답을 알아낼 수 없을 것임을 알고 있는지도 모른다.

그럼에도 목적 없이 산책을 떠나듯 삶의 구석구석을 거닐 것이다.
아름다운 자연의 결과물을 보듬으며 행복하고, 슬퍼하고 싶다.
짧은 사계의 기록이 누군가의 곁에서 산책의 벗이 되기를 바라며.

레시피

재료

두메부추 한 줌, 순두부 300g, 달걀 3개, 다시마 1장(10×10cm),
무말랭이 한 줌, 물 1L, 국간장 1-2큰술, 소금 적당량, 후추 적당량

레시피
(1) 하루나 이틀 전에 물에 다시마와 무말랭이를 넣어 우려둔다.
    냉장보관.
(2) 두메부추를 잘게 썰어 놓고, 달걀은 풀어놓는다.
(3) 냄비에 (1)의 물을 넣고 중불에서 끓인다. 국간장과 소금으로
    간을 맞춘다.
(4) 순두부를 큼직하게 떼어 넣고, 두부가 따뜻해지면 달걀을 넣고
    한소끔 더 끓인 뒤 불에서 내린다.
(5) 그릇에 담은 뒤 썰어놓은 부추를 솔솔 올리고 후추를 뿌린다.

* 부추를 알싸하게 먹고 싶다면 끓인 후 뿌리고, 부드럽게 먹고 싶다면 달걀과
  함께 넣어 잠시 끓인다.
* 두메부추 대신 일반 부추를 사용해도 괜찮다.

금귤 부추 샐러드

재료
두메부추 두 줌, 양파 1/2개, 금귤청 2-3큰술, 참기름 1큰술,
참깨 1작은술, 소금 적당량

레시피
(1) 두메부추를 먹기 좋은 크기로 다듬는다. 양파는 슬라이스 한다.
(2) 볼에 두메부추, 양파, 금귤청, 참기름, 참깨를 넣고 버무린다.
    소금으로 간을 맞춘다.

* 금귤청: 씨를 빼고 손질한 금귤에 비정제 설탕(금귤량의 70%)을 더하여 절인 것.
* 취향에 따라 참기름 대신 올리브 오일을 사용하거나 식초를 추가해도 좋다.

재료
꽃다지 적당량, 밀가루 50g, 전분 20g, 누룩소금 1/2큰술 (또는 소금 1작은술), 탄산수 100ml, 식용유 적당량

레시피
(1) 볼에 밀가루, 전분, 누룩소금, 탄산수를 넣고 섞어 반죽물을 만든다.
(2) 꽃다지에 밀가루를 가볍게 뿌린 뒤 (1)의 반죽물에 넣어 골고루 묻힌다.
(3) 튀김용 팬에 식용유를 넣고 온도를 올린다. 반죽을 한 방울 떨어뜨려 바로 올라오기 시작하면 한 개씩 넣어 튀긴다. 바삭해지면 건져낸다.

* 아스파라거스, 냉이, 두릅 등으로 대체해도 좋다.
* 마요네즈나 간장 등을 곁들여도 좋지만 소금만 몇 톨 뿌려 먹으면 깔끔하다.

재료
쑥 100g, 현미 멥쌀가루 300g, 늙은호박고지 30g, 비정제 설탕
3-4큰술, 소금 1/2작은술, 물 1/3컵

레시피
(1) 쑥을 깨끗하게 씻어 채반에 건져둔다.
(2) 늙은호박고지는 부드럽게 먹고 싶은 경우에는 물에 잠시 담가
    불려두고, 꼬들꼬들하게 먹고 싶은 경우에는 그대로 사용한다.
(3) 현미 멥쌀가루를 체에 한 번 거른 뒤 볼에 설탕, 소금과 함께
    담는다. 설탕과 소금은 취향에 따라 양을 조절한다.
(4) 멥쌀가루가 습식일 경우에는 그대로 사용해도 괜찮으나 건식일
    경우 물을 조금씩 더해가며 비벼준다. 손으로 쥐어보아 살짝
    뭉쳐지는 정도면 적당하다.
(5) (4)에 쑥과 늙은호박고지를 더하여 전체를 골고루 버무린다.
(6) 찜기에 올려 20분가량 찐다.

* 콩이나 대추 등을 추가해도 좋다.
* 쑥의 물기나 쌀가루의 수분에 따라 물의 양은 조절한다.

봄나물 리소토

재료

여러 가지 봄나물(취, 방풍, 해방풍, 민들레, 비름, 쑥부쟁이, 미나리, 머위, 원추리 등)
약 150g, 쌀 2컵, 올리브 오일 3-4큰술, 화이트 와인 1/4컵, 채수 5-6컵,
간 그라나파다노 치즈 7-8큰술, 버터 2-3큰술, 소금, 후추 적당량

자투리 채소로 우리는 채수

재료
호박, 버섯, 셀러리, 당근, 무, 양파, 양파 껍질, 대파, 양배추심, 마늘 등 남은
자투리 채소, 물, 취향에 따라 통후추, 월계수잎 등

레시피
(1) 자투리 채소를 모아 큼직하게 썬다.
(2) 큰 냄비에 채소와 통후추, 월계수잎 등을 넣고 전체가 충분히 잠길 정도의
    물을 부어 약불에서 30-40분가량 보글보글 끓인다. 맛이 우러나면 그대로
    불을 끄고 식힌다.
(3) 채반이나 천을 사용해 국물을 거른다. 밀폐용기에 넣어 냉장 보관하거나
    소분하여 냉동 보관한다.

* 깻잎이나 고수와 같이 향이 강한 채소는 적합하지 않다.
* 팽이버섯을 사용할 경우 바싹 말려서 우리면 맛이 좋다.
* 산미가 강할 경우 중간에 양파를 추가한다.
* 따뜻한 수프를 위한 경우에는 계피나 정향과 같은 향신료를 더해 끓이기도

한다. 또는 기름에 채소를 살짝 볶은 뒤 물을 더해 끓여도 좋다. 요리를
상상하며 재료를 유연하게 조합하여 만들어둔다.

레시피

(1) 끓는 물에 여러 가지 나물을 넣어 5-10초가량 빠르게 데친 뒤
    채반에 건져 식힌다. 잘게 다져둔다.

(2) 깊은 냄비나 프라이팬에 올리브 오일을 두르고 쌀을 넣어 오일을
    코팅하듯 섞는다. 화이트와인을 부어 센불에서 향을 날린 다음
    채수를 한 국자씩 부어가며 쌀을 익힌다.

(3) 10분가량 천천히 끓여 쌀이 어느 정도 익으면 (1)의 나물을 더해
    2-3분가량 더 끓인다.

(4) 쌀이 촉촉해지면 불을 끄고 버터와 치즈를 더해 저어준다.
    소금으로 간을 맞추고 그릇에 담아 올리브 오일과 후추를 뿌린다.

*   양파나 버섯을 잘게 다져 더해도 좋다.

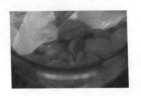

재료

비파 12-15알, 비정제 설탕 60g, 꿀 40g, 레몬 1/5개,
화이트 와인 1컵, 물 1컵

레시피

(1) 비파를 깨끗하게 씻어 물기를 말린다. 반으로 갈라 씨앗을
제거하고 껍질을 벗긴다.
(2) 레몬을 얇게 썬다.
(3) 냄비에 비파와 설탕, 레몬, 꿀, 물을 넣고 종이 포일로 덮어
중불에서 10-15분가량 끓인다.

* 샐러드, 요거트 위에 토핑으로 올리거나 탄산수를 더해 에이드로 즐긴다.

재료

돼지고기(비계가 적은 부위) 200g, 비파 콩포트 국물 1/2컵,

비파 콩포트 과육 적당량, 물 1컵, 간장 2-3큰술, 팔각 1-2개,

생강 1쪽, 식용유 1-2큰술, 참나물 또는 고수 적당량

레시피

(1) 달군 프라이팬에 식용유를 두른 뒤 돼지고기를 올려 양면을 굽는다.

(2) 표면이 노릇해지면 비파 콩포트 국물과 물, 간장, 팔각, 생강을
     넣어 조린다.

(3) 돼지고기가 익으면 접시에 먼저 꺼낸다. 팬에 남은 소스에 과육을
     더해 약불에서 살짝 코팅시켜 마무리한다. 혹시 소스가 많이 졸아
     있다면 타지 않도록 콩포트 국물이나 물, 간장을 더해 코팅한다.
     참나물 또는 고수를 함께 찢어 올린다.

재료

풋마늘 1.5-2대, 레몬 소금 1큰술(p.317), 파스타면 80g, 물 2리터,
소금 20g, 올리브 오일 4-5큰술, 후추, 차이브꽃 적당량

레시피

(1) 풋마늘은 깨끗하게 씻어 적당한 길이로 썬다. 레몬 소금을 잘게
    다진다.
(2) 끓는 물에 소금과 파스타 면을 넣어 삶는다.
(3) 달군 프라이팬에 올리브 오일 3-4큰술을 두르고 풋마늘을 넣어
    볶는다.
(4) 면수 1국자와 레몬 소금, (2)의 삶은 면을 넣어 센불에서
    유화시킨다. 전체가 어우러지면 접시에 담고 후추, 올리브 오일,
    차이브꽃을 흩뿌려 마무리한다.

재료

뽕잎순 두 줌, 청란 2개, 통밀가루 1/2컵, 물, 소금 1/2큰술,
식용유 3-4큰술

레시피

(1) 뽕잎순을 흐르는 물에 씻은 뒤 채반에 건져둔다.

(2) 볼에 뽕잎순과 청란, 통밀가루, 소금을 넣어 젓가락으로 섞은
    다음 농도를 보아 물을 약간 추가한다. 일반 달걀일 경우 1개에서
    1.5개로 조절한다.

(3) 달군 프라이팬에 식용유를 두르고 반죽을 올려 앞뒤를 노릇하게
    굽는다.

* 청란은 일반 달걀로 대체할 수 있다.
* 뽕잎순 대신 다른 봄나물로 부쳐도 좋다.

재료

도다리 100g, 래디시 2-3개, 올리브 오일 4-5큰술, 소금, 후추,
레몬즙 또는 라임즙, 산초 열매 장아찌 적당량

레시피

(1) 도다리를 먹기 좋은 두께로 썬다.

(2) 래디시 열매는 얇게 슬라이스 하여 잠시 물에 담가두고, 잎은
    잘게 다진다.

(3) 작은 볼에 래디시잎, 올리브 오일과 레몬즙을 넣어 섞은 뒤 소금,
    후추로 간을 맞춘다.

(4) 접시에 도다리, (3)의 래디시잎, 산초 열매 장아찌를 골고루
    올린다.

재료

쌀 2컵, 물 2컵, 고사리(삶은 것) 100g, 죽순(삶은 것) 80g,
간장 1큰술, 들기름 또는 참기름 1큰술, 깨소금 1큰술

생고사리 삶는 법

레시피

(1) 생고사리를 흐르는 물에 씻어 이물질을 제거한다.
(2) 냄비에 고사리가 충분히 담길 정도의 물을 담아 끓인다.
(3) 끓는 물에 소금을 약간 넣고 고사리를 넣어 7-8분가량 삶는다. 굵은 부분이
    손으로 쉽게 접힐 정도가 되면 건져 찬물에 여러 번 헹군다. 삶은 고사리는
    아린 맛을 빼내기 위해 하루에서 이틀 물에 담가둔다. 중간중간 틈이 날
    때마다 새로운 물로 갈아준다.

*   삶은 고사리를 소분하여 냉동실에 얼려두면 일 년 내내 먹을 수 있다.

레시피

(1) 쌀을 씻어 채반에 건져둔다.
(2) 고사리와 죽순을 먹기 좋은 크기로 썬다.
(3) 솥에 쌀과 물, 고사리, 죽순, 국간장을 넣고 뚜껑을 덮어 센불에서
    7-8분가량 끓인다. 약불로 줄여 6-7분 더 익힌 뒤 불을 끄고

10분가량 뜸을 들인다.

(4) 다 지어진 밥에 들기름 또는 참기름, 깨소금을 넣고 주걱으로 전체를 잘 섞는다. 구운 돌김과 간장, 젓갈 등을 곁들인다.

* 잘게 썬 소고기를 국간장, 들기름 또는 참기름에 재운 뒤 가볍게 구워 밥에 더하여 짓는 법도 추천한다.
* 고사리의 식감을 살리고 싶다면 뜸 들이기 직전에 넣어도 좋다.

완두콩 후무스[1]와 당근 오븐구이[2]

① 완두콩 후무스

재료
완두콩(껍질째) 300-400g, 올리브 오일 4-5큰술, 레몬즙 1큰술, 참깨
1큰술, 소금 적당량

레시피
(1) 완두콩을 껍질째 흐르는 물에 씻어 이물질을 제거한다.
(2) 끓는 물에 소금 한 꼬집과 완두콩을 넣어 5분가량 삶는다. 콩이
    부드러워지면 채반에 건져 식힌 뒤 껍질에서 콩을 꺼낸다.
(3) 볼에 삶은 완두콩, 올리브 오일, 레몬즙, 통깨, 소금을 넣고 핸드
    블렌더로 부드럽게 간다. 맛을 보아가며 취향에 따라 오일이나
    레몬즙, 소금을 추가한다. 콩에 수분기가 적어 뻑뻑할 경우에는
    물을 추가해도 괜찮다.

② 당근 오븐구이

재료
당근, 올리브 오일, 소금, 후추 적당량

레시피
(1) 당근을 원하는 모양과 크기로 썬다. 올리브 오일을 골고루 버무린
    다음 소금, 후추를 뿌려 190도로 예열한 오븐에서 노릇하게 굽는다.
(2) 그릇에 완두콩 후무스를 담고 구운 당근, 또는 구운 빵을 곁들인다.

코코넛 호박꽃전

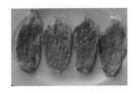

재료
호박꽃 5-6송이, 밀가루 50g, 전분 10g, 물 80ml, 소금 1작은술,
코코넛 오일 2큰술

레시피
(1) 호박꽃은 수술을 제거한 다음 찢어지지 않도록 주의하며 흐르는
   물에 씻는다. 전으로 부치기 쉽도록 가볍게 눌러 평평하게
   만들어준다.
(2) 볼에 밀가루와 전분, 물, 소금을 넣고 풀어 반죽물을 만든다.
   호박꽃을 넣어 반죽물을 골고루 묻힌다.
(3) 달군 프라이팬에 코코넛 오일을 두르고 (1)의 호박꽃을 양면
   노릇이 굽는다.

* 코코넛 오일이 없다면 다른 식용유를 사용해도 좋다.
* 밀가루 대신 달걀을 풀어 오믈렛처럼 구워도 잘 어울린다.

노랑 비트와 노랑 주키니의 바질 샐러드

재료
노랑 주키니, 노랑 비트, 양파, 바질 페스토, 소금 적당량

레시피
(1) 주키니와 비트는 각각 슬라이서로 얇게 썬다. 주키니에 소금을
    살짝 뿌려 5분가량 기다린 뒤 물기를 제거한다. 비트는 바로
    사용하거나 물에 잠시 담가 아삭함을 더해도 괜찮다.
(2) 바질 페스토 재료를 모두 넣어 믹서기로 간다. 간을 보아 올리브
    오일이나 소금으로 조절한다.
(3) 양파를 잘게 다져 (2)의 페스토에 버무린다.
(4) 접시에 주키니와 비트를 깔고 바질 페스토에 버무린 양파를
    올린다. 하드 계열의 치즈를 얇게 썰어 곁들여도 좋다.

* 바질 페스토 재료: 바질 두 줌, 올리브 오일 5-6큰술, 피스타치오 반 줌, 레몬즙
  또는 식초 1큰술, 소금, 후추 적당량

쿠카멜론 피클

재료

쿠카멜론 200-250g, 물 200ml, 식초 150ml, 비정제 설탕 5-6큰술,

소금 1/2작은술, 향신료(겨자씨, 정향, 고수씨, 주니퍼베리, 통후추, 월계수잎,

페페론치노 등) 적당량

레시피

(1) 쿠카멜론을 흐르는 물에 깨끗하게 씻어 물기를 말린다.

(2) 냄비에 물, 식초, 설탕, 원하는 향신료를 넣어 설탕이 녹을 정도로
약불에서 살짝 끓인다.

(3) 유리병에 쿠카멜론과 (2)의 절임액을 부어 실온에서 1-2일
숙성한다. 맛이 들면 냉장고에 보관한다.

* 딜이나 마늘을 추가해도 좋다.
* 설탕량은 기호에 맞게 조절한다. 설탕을 사용하지 않고 싶은 경우에는 5%의
소금물에 담가 열흘 정도 상온에서 발효시켜도 맛이 좋다.

하지 감자 롱빈 샐러드

재료

감자 1-2개, 롱빈 2줄, 방울토마토 5-6개, 적양파 1/2개, 올리브 오일
4-5큰술, 쿠민 파우더 1큰술, 가람마살라 파우더 1작은술, 홀그레인
머스터드 1큰술, 소금 1작은술, 후추 적당량

레시피

(1) 감자를 먹기 좋은 크기로 썰어 푹 익도록 삶거나 찐다 롱빈도
    적당한 길이로 썰어 가볍게 데친다.

(2) 방울토마토는 반으로 썰고, 적양파는 작은 크기로 다진다.

(3) 볼에 올리브 오일과 쿠민 파우더, 가람마살라 파우더, 홀그레인
    머스터드, 소금, 후추를 넣고 풀어준다. (1), (2)의 재료를 모두
    넣어 골고루 섞는다. 올리브 오일, 소금으로 간을 맞춘다.

부드러운 가지 구이

재료
가지 2개, 간 무 3큰술, 간 생강 1/2작은술, 간장 1-2큰술, 취향에
따라 홍고추, 시소 적당량

레시피
(1) 가지를 포크나 칼로 몇 군데 찔러 열기가 빠질 수 있도록 해둔다.
    200도로 예열한 오븐에서 골고루 타도록 굽거나, 프라이팬에
    올리고 뚜껑을 덮어 중불에서 10-15분가량 굽는다. 중간에 두어 번
    뒤집어 골고루 그을린다. 다 구운 가지는 꼭지를 잘라내고 껍질을
    벗겨 준비한다. 몹시 뜨거우니 주의한다.
(2) 강판에 무와 생강을 곱게 간다. 홍고추와 시소는 잘게 썬다.
(3) 접시에 껍질 벗긴 가지와 무, 생강을 올리고 간장을 뿌린다.
    홍고추와 시소를 고명으로 올린다.

* 가쓰오부시를 올려도 잘 어울린다.
* 새콤하게 즐기고 싶을 경우에는 간장 대신 폰즈를 뿌린다.
* 차가운 소면이나 메밀면 위에 고명으로 올리기도 한다.

오쿠라 낫또 덮밥

재료
오쿠라 3개, 낫또 50g, 달걀 1개, 가쓰오부시, 간장 1큰술,
현미밥 한 공기

레시피
(1) 오쿠라는 소금에 비벼 잔털을 제거한다. 흐르는 물에 헹궈낸다.
(2) 꼭지 부분을 둥글게 도리고 이쑤시개나 포크로 두어 군데 구멍을
    낸다.
(3) 끓는 물에 오쿠라를 넣어 1분간 데친다. 채반에 건져 열기를 식힌
    뒤 먹기 좋은 크기로 썬다.
(4) 낫또를 볼에 담고 간장을 넣어 점성이 생기도록 젓가락으로
    휘젓는다. 오쿠라를 더해 섞는다.
(5) 밥공기에 현미밥, 낫또, 오쿠라를 올린 뒤 가운데 움푹하게
    자리를 만들어 노른자를 올린다. 가쓰오부시를 올려 마무리한다.

* 취향에 따라 김치 다진 것이나 김, 간 마를 더해도 좋다.

재료

파이크러스트, 천도복숭아 필링

파이크러스트

재료
통밀가루 125g, 무염버터 95g, 달걀노른자 10g, 우유 25ml, 소금 2g

레시피
(1) 버터를 작게 조각내어 냉장고에 차갑게 보관한다.
(2) 볼에 통밀가루를 계량한 뒤 (1)의 버터를 넣어 손으로 비비며 가루처럼
    만든다.
(3) 버터가 가루화되면 노른자와 우유, 소금을 넣고 한 덩이가 되도록 반죽한다.
    랩을 씌우거나 봉지에 넣어 냉장고에서 1시간 이상 숙성시킨다.

* 프로세서에 전부 넣고 돌려 한 덩어리로 만들 수도 있다.

천도복숭아 필링

재료
천도복숭아 300-400g(약 2-3개), 비정제 설탕 80-90g, 꿀 2큰술, 레몬즙 1큰술

레시피
(1) 복숭아는 씨를 제거하고 잘게 다진다.

(2) 냄비에 모든 재료를 넣고 10분가량 재워둔다.

(3) 약불에 올려 5-10분가량 저어가며 가볍게 조린다. 잼으로 만든다기보다
설탕을 녹인다는 느낌으로.

레시피

(1) 손이나 밀대를 사용해 파이 크러스트를 3-4mm의 두께로 넓게
밀어낸다. 가장자리를 살짝 높여 복숭아 필링이 흐르지 않도록
벽을 세운다. 모양은 원형, 사각 무엇이든 괜찮다. 바닥에 포크로
서너 군데 구멍을 낸다.

(2) 천도복숭아 필링을 빽빽하게 올린다. 파이 크러스트 가장자리
부분에 노른자(계량 외)를 풀어 얇게 바른다.

(3) 180도로 예열한 오븐에서 20-30분가량 상태를 보아가며
노릇하게 굽는다. 오븐의 종류에 따라 다르므로 시간과 온도는
유연하게 조절한다.

* 블루베리나 체리 등의 과일로도 대체할 수 있다. 과일 자체에 수분이 많다면
조리는 과정을 생략한다.

* 필링을 조릴 시 계피나 카다멈, 정향과 같은 향신료를 추가해도 잘 어울린다.
만들어진 필링은 요거트 토핑이나 잼처럼 다른 요리에도 활용할 수 있다.

* 갓 구워진 파이에 차가운 아이스크림 한 스쿱 올려 먹기를 추천한다.

재료

통밀 토르티야, 고수 페스토, 가지튀김, 토마토, 적양파, 소금, 후추,
레몬 두유 마요네즈(p.320), 적당량

통밀 토르티야

재료
검정밀(또는 통밀가루) 120g, 따뜻한 물 130-150ml, 소금 1/2작은술, 올리브
오일 1.5큰술

레시피
(1) 볼에 밀가루와 소금, 올리브 오일을 넣고 따뜻한 물을 조금씩 부어가며 반죽한다.
(2) 반죽이 부드럽게 한 덩이가 되면 밀봉하여 30분간 휴지시킨다.
(3) 휴지가 끝난 반죽은 작은 덩이로 떼어내 둥글린다. 반죽이 마르지 않도록
    젖은 천을 덮어가며 작업한다.
(4) 밀대를 사용해 2-3mm 정도로 얇게 펴낸 뒤 기름을 두르지 않은 무쇠
    팬에서 양면을 굽는다. 구워진 토르티야는 마른 천으로 덮어둔다.

* 검정밀이나 통밀가루와 같이 텍스처가 거칠 경우 백밀가루를 혼합하여
  반죽해도 괜찮다.

고수 페스토

재료
고수 100g, 청양고추 1/2개, 마늘 1-2개, 식초 1큰술 또는 레몬 소금(p.317)
1작은술, 쿠민 파우더 1/2작은술, 올리브 오일 80-100ml, 소금, 후추 적당량

레시피
(1) 모든 재료를 믹서기에 넣고 곱게 갈아낸다. 올리브 오일과 소금으로 농도와
간을 맞춘다.

* 기호에 따라 견과류, 치즈를 추가해도 좋다. 고수의 뿌리나 줄기, 잎의
  비율에 따라 농도가 달라진다. 상황에 따라 오일과 식초로 조절한다.
* 콜드 파스타의 소스로 사용하면 잘 어울리는 페스토다.

가지튀김

재료
가지 2-3개, 밀가루 50g, 전분 20g, 소금 1-2작은술, 탄산수 100ml, 식용유 적당량

레시피
(1) 가지를 먹기 좋은 크기로 썰어 소금을 흩뿌려둔다. 가지를 쫀득한 식감으로
즐기고 싶다면 10분 정도 기다린 다음 손으로 물기를 가볍게 짜내어
사용한다.
(2) 볼에 밀가루, 전분, 소금, 탄산수를 넣어 튀김 반죽을 만든다. 기호에 따라
반죽에 향신료를 더해도 좋다.
(3) 가지에 (2)의 반죽을 입혀 180도로 올린 기름에 노릇하게 튀긴다.

레시피
(1) 토마토와 적양파를 잘게 다져 볼에 담고 소금, 후추로 간을 하여
살사를 만든다.
(2) 통밀 토르티야 위에 가지튀김과 마요네즈, 살사를 올린다. 고수
페스토를 올리고 고수로 장식한다.

재료

땅콩호박 1/5개, 주키니 1/3개, 당근 1/2개, 줄기콩 9-10개, 양파
1/2개, 시금치 50g, 콩(삶은 것) 한 줌, 달걀 8-9개, 두유 200ml, 소금
적당량, 올리브 오일 적당량

레시피

(1) 양파를 슬라이스 한다. 달군 프라이팬에 올리브 오일을 2큰술
    두르고 중약불에서 양파가 갈색이 될 때까지 천천히 볶아둔다.

(2) 땅콩호박, 주키니, 당근, 줄기콩 등을 먹기 좋은 크기로
    썬다. 프라이팬에 올리브 오일을 두르고 각 재료를 가볍게
    볶아둔다. 노릇해지면 소금 한 꼬집으로 마무리하여 간을
    맞춰둔다. 콩을 넣고 싶다면 미리 삶아 준비한다.

(3) 시금치는 끓는 물에 소금을 한 꼬집 넣고 10-20초가량 데친다.
    물기를 가볍게 짜서 준비한다.

(4) 볼에 달걀과 두유, 소금 1-2작은술을 넣고 거품기로 잘 섞는다.
    내열 용기에 종이 포일을 깔고 볶아둔 모든 재료를 빼곡히 넣는다.
    달걀물을 붓고 180도로 예열한 오븐에서 30-40분가량 굽는다.

* 버섯, 양배추, 브로콜리, 감자 등 원하는 것을 가볍게 볶아 넣고 만들어보자.
* 농후한 맛을 원한다면 두유 대신 우유나 생크림을 추가한다.

포도 한천 젤리와 무화과 샐러드

재료

포도 한천 젤리, 청무화과, 고트치즈, 잎채소, 요거트, 꿀 적당량

포도 한천 젤리

재료
청포도 적당량, 청귤청(국물) 3/4컵, 물 1/2컵, 한천가루 2g

레시피
(1) 청포도를 깨끗하게 씻어 물기를 제거하고 슬라이스 한다.
(2) 물에 한천가루를 푼 다음 청귤청과 함께 냄비에 넣고 중불에 올린다. 살짝
    끓어오르기 시작하면 불에서 내려 청포도를 더한다.
(3) 아직 따뜻할 때 원하는 그릇에 담아 그대로 식힌다. 열기가 사라지면
    냉장고에 넣어 굳힌다.

* 과일청의 당도에 따라 청과 물의 비율은 취향대로 조절한다.
* 비파 콩포트(p.280)를 활용해도 좋다.

레시피
(1) 잎채소 또는 허브를 깨끗하게 씻어 물기를 제거한다.
(2) 그릇에 잎채소와 포도 한천 젤리, 청무화과, 고트치즈를 원하는
    만큼 담는다. 요거트와 꿀을 뿌려도 잘 어울린다.

재료

흰다리새우 15-20마리, 밀가루 80g, 전분 30g, 탄산수 약 150ml,
호두 두 줌, 고추(가지고추 또는 당조고추) 5-6개, 허브(고수) 한 줌, 청귤
1/2개, 올리브 오일 4-5큰술, 식용유, 소금, 후추 적당량

레시피

(1) 흰다리새우를 손질하여 소금, 후추로 밑간한다.
(2) 볼에 밀가루, 전분, 탄산수를 섞어 튀김 반죽을 만든다. (1)의
    새우에 반죽을 묻혀 170도로 달군 기름에서 노릇하게 튀겨낸다.
(3) 고추를 적당한 크기로 썰고, 허브를 손으로 찢는다.
(4) 호두를 가볍게 구워 부신 뒤 고추, 허브, 올리브 오일, 청귤즙과
    함께 볼에 넣어 섞는다. 소금과 후추로 간을 한다.
(5) (2)의 새우튀김 위에 (4)를 올린 후 청귤 껍질을 갈아 올린다.

* 고추는 너무 맵지 않은 것으로 고르기를 추천한다.
* 살사에 토마토, 적양파 등을 추가해도 좋다.
* 청귤은 레몬 또는 라임으로 대체할 수 있다.

우엉구이와 수박무절임의 샐러드

재료

우엉, <u>수박무절임</u>, 잎채소, 올리브 오일, 소금, 샐러드드레싱

수박무절임

재료
수박무, 물, 소금, 유리병

레시피
(1) 수박무를 씻은 다음 원하는 모양과 크기로 손질한다.
(2) 수박무가 잠길 정도의 물을 계량하여 한 번 바르르 끓인다. 물 양의 5%에
     달하는 소금을 넣고 녹인 뒤 식힌다.
(3) 소독한 유리병에 수박무를 넣고 (2)의 소금물을 부은 다음 뚜껑을 덮는다.
     상온에서 7-10일 정도 발효시킨다. 가끔 뚜껑을 열어 가스를 빼준다.

* 통마늘, 통후추, 고추, 월계수잎 등을 취향에 따라 추가한다.
* 무, 당근, 비트 등 원하는 채소로 절여보자.

레시피

(1) 우엉을 3-4cm로 썰어 찜기에서 5분가량 찐다. 한 김 식으면
     밀대나 병을 사용하여 우엉을 가볍게 두드려 부신다.
(2) 달군 프라이팬에 올리브 오일을 두르고 (1)의 우엉을 골고루

노릇하게 굽는다. 소금으로 간을 한다.

(3) 그릇에 잎채소와 구운 우엉, 수박무절임을 올린다. 원하는
샐러드드레싱을 뿌려 마무리한다. 깔끔하게 먹고 싶다면
요거트를 뿌려도 좋고, 녹진하게 먹고 싶다면 레몬
마요네즈(p.320)를 식초로 부드럽게 풀어 뿌려도 좋다.

버섯 올리브 페스토 파스타

재료
버섯 올리브 페스토 100-150g, 파스타면 80g, 물 1.5L, 소금 2큰술,
버터, 치즈, 후추, 올리브 오일 적당량

버섯 올리브 페스토

재료
버섯(표고, 새송이, 팽이 등 2-3종 혼합) 300-400g, 블랙 올리브 50g, 마늘 2알,
볶은 견과류(아몬드, 캐슈너트 등) 10g, 소금 5g, 올리브 오일 적당량

레시피
(1) 마늘을 얇게 슬라이스 한다.
(2) 버섯을 칼로 썰거나 손으로 찢어 잘게 손질한다.
(3) 약불로 달군 프라이팬에 올리브 오일을 두르고 (1)의 마늘을 더해 향을 낸다.
    마늘 향이 나기 시작하면 버섯을 넣어 숨이 죽을 정도로 볶는다. 접시에
    덜어 한 김 식힌다.
(4) 볶은 버섯, 소금을 블렌더로 갈아낸다. 농도를 보아 올리브 오일을 추가한다.

* 구운 빵이나 비스킷에 발라 먹거나 파스타의 소스로 사용할 수 있다.

레시피

(1) 끓는 물에 파스타면과 소금을 넣고 삶는다.

(2) 면이 어느 정도 익었으면 프라이팬에 페스토와 면수를 넣고
    풀어준다. 취향에 따라 면수로 농도를 조절한다.

(3) 다 익은 면과 버터를 (2)에 넣고 전체를 골고루 비벼준다. 접시에
    담고 치즈, 후추, 올리브 오일을 올려 마무리한다.

* 양파나 고기 등을 재료에 추가해도 좋다.
* 버터 생략 가능.

재료

대봉(깨끗한 환경에서 자란 것), 유리 용기, 차요테, 유자청 적당량

레시피

(1) 홍시 표면을 물에 적신 키친타월이나 천으로 꼼꼼히 닦아준다.

(2) 열탕소독한 유리 용기에 대봉을 넣고 으깨준다.

(3) 마른 천을 덮거나 뚜껑을 가볍게 덮어 상온에 두고 가끔 전체를
섞어준다. 3-4일가량 발효시킨다. 기포와 산미가 생기면
채반이나 천에 걸러낸다.

(4) 차요테를 얇게 슬라이스 한다. (3)의 홍시 소스와 유자청을 넣어
버무린다.

* 홍시 소스는 올리브 오일을 살짝 더해 샐러드드레싱으로 사용하거나 절임, 음료,
디저트 등에도 활용할 수 있다.

재료

무 300g, 양파 1/2개, 올리브 오일 또는 무염버터 2-3큰술, 밀가루
1큰술, 채수 약 600ml, 소금, 후추

레시피

(1) 무를 얇게 채 썰고, 양파를 슬라이스 한다.

(2) 냄비에 올리브 오일 또는 버터를 올리고 무와 양파를 넣어
중불에서 볶는다.

(3) 무가 투명하게 익으면 밀가루를 넣어 살짝 볶은 다음 채수를 넣고
10분가량 끓인다.

(4) 핸드 블렌더로 곱게 간 다음 소금, 후추로 간을 맞춘다.

* 무의 맛이 가벼우므로 채수를 진하게 만들어두면 좋다.
* 구운 채소, 허브 등 원하는 토핑을 올려보자.

우엉 고구마 크로켓

재료 (약 10개 분량)

우엉 50-60g, 고구마 4개(약 450g), 솔부추 20g, 미소 20g,
전분물(전분1:물1) 적당량, 빵가루 적당량, 식용유 적당량

레시피

(1) 우엉을 적당한 두께로 썰어 찜기에 1분 가량 찐다. 한 김 식혀
    잘게 썬 다음 미소에 버무려 하룻밤 절여둔다.

(2) 고구마를 쿠킹 포일에 감싸 200도로 예열한 오븐에 굽는다.
    토스터를 사용해도 좋다. 푹 익으면 껍질을 벗겨 볼에 담아 으깬다.

(3) 솔부추를 잘게 다진다. 미소에 절인 우엉, 고구마, 솔부추를 잘
    섞는다. 손으로 둥글려 먹기 좋은 크기로 성형한다.

(4) 전분과 물을 1:1로 섞어 전분물을 만든다. (3)의 성형한 반죽을
    전분물, 빵가루 순서로 코팅한다.

(5) 180도로 달군 기름에 노릇하게 튀겨낸다. 취향에 따라 레몬필,
    후추 등을 뿌려 마무리한다.

* 솔부추는 생략하거나 냉이, 달래, 쪽파 등으로 대체해도 좋다.
* 전분물은 전분이 가라앉지 않도록 수시로 바닥을 저어가며 작업한다.
* 홀그레인 머스터드, 마요네즈 등을 곁들인다.

땅콩호박 푸딩

재료

땅콩호박 1개, 달걀 3개, 생크림 50cc, 소금 1작은술, 메이플 시럽
적당량

레시피

(1) 땅콩호박을 껍질째 세로로 길게 썬다. 씨를 파내고 단면을 위로
   하여 170도로 예열한 오븐에 25-30분가량 굽는다.

(2) 호박을 찔러보아 푹 익었으면 숟가락으로 속을 파낸다. 껍질에
   구멍이 나지 않도록 껍질에서 1-2mm 정도는 남겨두고 작업한다.

(3) 볼에 파낸 호박 속살, 달걀, 생크림, 소금을 넣고 핸드 블렌더로
   곱게 간다. 호박의 크기에 따라 달걀과 생크림의 농도는 자유롭게
   가감한다. 기호에 따라 시나몬 파우더를 살짝 더해도 좋다.

(4) 호박 껍질에 (3)의 반죽을 흘러넘치지 않을 정도로 붓는다.
   160도로 예열한 오븐에서 30분가량 굽는다.

(5) 구워진 땅콩호박 푸딩을 접시에 올리고 메이플 시럽을 넉넉히
   뿌린다.

대파 치즈 토스트[1]와 천혜향 알배추 샐러드[2]

① 대파 치즈 토스트

재료
대파, 채수(p.278), 식빵, 마요네즈, 치즈, 후추, 레몬 적당량

레시피
(1) 대파를 4-5cm의 길이로 썬다. 냄비에 대파가 잠길 정도로
채수를 붓고 중불에서 7-8분가량 푹 익힌다.
(2) 식빵에 마요네즈를 바르고 삶은 대파를 빼곡히 올린다. 치즈를
솔솔 뿌리고 뚜껑을 덮어 약불에서 치즈가 녹을 때까지 굽는다.
토스트가 구워지면 후추와 레몬 껍질을 갈아서 뿌린다.

* 치즈는 체다, 고다, 그뤼에르 등 기호에 맞는 것으로 고른다.
* 식빵을 통으로 구입한 다음 두툼하게 썰어 만드는 것을 추천한다.
* 오븐을 사용해 구워도 된다.

② 천혜향 알배추 샐러드

재료
천혜향, 알배추, 소금 적당량

레시피
(1) 천혜향은 겉껍질과 속껍질을 모두 제거한다. 알배추는 4-5mm
정도로 슬라이스 한다.
(2) 그릇이나 볼에 천혜향과 알배추를 넣고 소금을 살짝 더해 가볍게
간을 한다.

* 묵직한 대파 치즈 토스트에 곁들여 쉬어갈 수 있도록 도와주는 사이드 샐러드다.
취향에 따라 올리브 오일이나 홀그레인 머스터드를 더해도 좋고, 천혜향 대신
한라봉이나 귤 등 다른 과일로 대체해도 좋다.

재료 (만두 약 12-15개 분량)

냉이 50g, 표고버섯 2-3개, 차조(밥솥으로 지은 것) 70g, 두부 반 모,
참기름 2큰술, 만두피, 다시마물 약 2L, 조선간장 1-2큰술, 밀가루,
소금 적당량

레시피

(1) 냉이를 깨끗하게 씻어 끓는 물에 10-15초가량 데친다. 손으로
    가볍게 물기를 짜내고 잘게 다진다.
(2) 두부를 키친타월이나 마른 천으로 감싸 30분 정도 물기를 빼둔다.
(3) 표고버섯은 잘게 다져 프라이팬에 참기름을 두르고 중불에서
    살짝 노릇할 정도로 볶는다.
(4) 차조는 깨끗하게 씻어 동량의 물을 넣고 밥솥에서 익힌다. 차조
    대신 다짐육을 사용해도 좋다.
(5) 볼에 냉이와 물기를 뺀 두부, 볶은 표고버섯, 차조밥, 소금
    1/2큰술을 넣어 섞는다. 간을 보아 소금을 조절한다.
(6) 도마에 밀가루를 흩뿌리고 만두피를 놓아 밀대로 왕복 두어 번쯤
    밀어준다. 하늘하늘한 식감을 주기 위한 작업이나 너무 얇으면
    찢어질 수 있으니 주의한다. 만두피는 반으로 썰어 반달 모양으로
    준비한다.
(7) 만두피에 (5)의 소를 넣고 반으로 접어 성형한다.

피가 어긋나도록 접으면 얇은 피의 매력을 살릴 수 있다.

(8) 냄비에 다시마물을 넣고 끓여 조선간장으로 살짝 간을 한다.
간장을 많이 넣으면 국물의 색이 진해지므로 부족한 간은
소금으로 완성한다. 만두를 하나씩 넣어 끓어오르면 접시에
담아낸다.

* 다시마물: 다시마를 물에 넣어 하룻밤 우린 것. 위에서는 물 2L에 약10×10cm의
  다시마를 넣어 냉장 보관하였다.
* 다시마물 대신 채수, 육수 등을 사용해도 괜찮다.
* 냉이의 향을 최대한 만끽하기 위해 국물의 간은 최소화한다. 한두 방울만으로도
  충분할 만큼 맛이 좋은 간장을 찾아보는 것도 요리의 과정이다.

곶감 체더 사브레

재료
체더치즈 30g, 곶감 1개, 버터 65g, 밀가루 120g, 설탕 1/2작은술,
소금 1/2작은술, 물 3-4큰술

레시피
(1) 체더치즈를 강판에 갈아 준비한다. 곶감은 가위로 잘게 썬다.
(2) 버터를 깍둑썰기하여 차갑게 준비한다.
(3) 볼에 밀가루, 설탕, 소금을 넣고 버터를 더해 손으로 비비며
    가루처럼 부신다. 곶감을 넣은 뒤 물을 조금씩 더해가며 한 덩이가
    되도록 가볍게 뭉친다. 과하게 치대지 않도록 주의한다. 랩이나
    봉투에 넣어 냉장고에서 30분간 휴지한다.
(4) 밀대로 얇게 펴낸 뒤 칼이나 포크로 자르기 쉽도록 경계선을
    그어둔다.
(5) 180도로 예열한 오븐에서 15분 정도 노릇하게 굽는다.

구운 양배추롤과 캐슈크림

재료

캐슈크림 적당량, 양배추 5-6장, 템페 200g, 건송화버섯(또는
건표고버섯) 10g, 양파 1/2개, 소금 1/2큰술, 올리브 오일 5-6큰술,
물 적당량, 전분 적당량

캐슈크림

재료
캐슈너트 120g, 물 100ml, 마요네즈 적당량

레시피
(1) 캐슈너트를 흐르는 물에 세척한다. 흠집이 있거나 이물질이 묻은 것은 잘
    골라낸다.
(2) 캐슈너트에 깨끗한 물을 부어 1-2시간 불린다. 핸드 블렌더로 곱게 간다.
    소금으로 간을 맞춘다.
(3) 캐슈크림에 마요네즈를 동량 섞어 먹으면 한층 부드럽고 고소하다.

레시피
(1) 건송화버섯에 물을 부어 30분가량 불린다. 촉촉해지면 채반에
    건져둔다. 불린 물도 버리지 않고 보관한다. 버섯이 큰 경우에는
    작은 크기로 다져둔다.

(2) 템페를 손으로 잘게 찢고, 양파는 잘게 다진다.

(3) 달군 프라이팬에 오일 2-3큰술 두르고 템페, 양파, 버섯을 넣어 노릇하게 볶는다. (1)의 버섯 불린 물을 2-3큰술 추가해 촉촉하게 만든다. 소금으로 간을 한다.

(4) 끓는 물에 양배추를 한 잎씩 넣어 10초가량 데친다. 말기 쉽도록 심이 굵은 부분은 손질해 둔다.

(5) 양배추에 (3)의 소를 넣고 돌돌 만 다음 끝부분에 전분을 묻혀 고정한다. 달군 프라이팬에 오일 2-3큰술 두르고 양배추롤을 굴려 가며 노릇하게 굽는다. 그릇에 담고 캐슈크림과 후추를 올린다.

* 템페는 다진 고기로 대체할 수 있다. 담백하게 먹고 싶다면 두부의 물기를 제거한 다음 사용해도 좋다.
* 촬영 시 사용한 양배추는 사보이 양배추다. 일반 양배추로도 가능하다.

발효 레몬 소금

재료

레몬, 천일염(레몬 무게의 10-15%), 유리병

레시피
(1) 베이킹소다 또는 식초 등을 사용해 레몬을 깨끗하게 세척한다.
물기를 잘 말린다.
(2) 레몬을 원하는 모양으로 손질한다. 슬라이스를 하거나, 세로로
칼집을 내거나, 다지는 등 무엇이든 괜찮다.
(3) 레몬 무게의 10-15%가 되도록 천일염을 계량한다.
(4) 소독한 유리병에 레몬과 천일염을 번갈아 가며 차곡차곡 쌓아
넣는다. 손질하며 나온 레몬즙도 전부 넣어준다. 밀폐하여
그늘지고 서늘한 실온에 보관한다.

* 만든 후 2-3개월 후부터 맛이 좋아진다.

재료

딸기 5-6개, 보리 1컵, 허브 2-3줌, 레몬 소금(p.317) 1큰술,
올리브 오일 2-3큰술, 소금, 후추, 물 적당량

레시피

(1) 보리를 깨끗하게 씻은 다음 냄비에 보리가 충분히 잠길 정도의
    물과 소금을 한두 꼬집 넣고 약 10-15분간 삶는다. 채반에 건져
    여러 번 헹군 다음 물기를 뺀다.
(2) 딸기를 작게 썰고, 레몬 소금을 다진다.
(3) 허브 또는 샐러드 채소를 흐르는 물에 씻어 물기를 잘 털어낸다.
(4) 볼에 허브, 보리, 딸기, 레몬 소금과 올리브 오일, 후추를 넣고 잘
    섞는다. 간을 보아 소금으로 맞춘다.

*   취향에 따라 상큼한 비네거를 추가해도 좋다.

돼지감자 구이

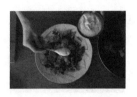

재료

돼지감자, 올리브 오일, 소금, 후추 적당량

레시피

(1) 돼지감자를 박박 문질러 깨끗하게 씻는다.

(2) 크기가 너무 큰 것은 반으로 썰어둔다. 찜기에 올려 10분가량 푹
익힌다.

(3) 푹 익은 돼지감자를 포크나 손바닥을 사용해 평평하게 누른다.

(4) 달군 프라이팬에 올리브 오일을 넉넉히 두르고 돼지감자를
뒤집어가며 노릇하게 익힌다. 소금, 후추로 마무리한다.

* 촬영 시 루콜라 샐러드 위에 토핑으로 돼지감자 구이, 레몬 두유 마요네즈를
올렸다. 그냥 먹어도 맛있지만 샐러드나 카레 토핑, 메인 디시의 사이드 메뉴로
활용하기 좋다.

레몬 마요네즈

재료

올리브 오일 200ml, 두유(무가당) 100ml, 레몬즙 2큰술과 소금
1작은술 또는 레몬 소금 1큰술

레시피

(1) 레몬즙을 사용할 경우 레몬의 즙을 짜내어 준비한다.
(2) 모든 재료를 넣고 핸드 블렌더로 갈아준다.

  * 올리브 오일에 마늘 몇 알을 구워 함께 더해도 좋다.
  * 홀그레인 머스터드, 디종 머스터드, 허브 등을 추가하기도 한다.
  * 두유나 오일의 종류에 따라 맛과 질감의 차이가 크다.
    취향의 조합을 찾아보는 재미를!